essentials

essentials liefern aktuelles Wissen in konzentrierter Form. Die Essenz dessen, worauf es als „State-of-the-Art" in der gegenwärtigen Fachdiskussion oder in der Praxis ankommt. *essentials* informieren schnell, unkompliziert und verständlich

- als Einführung in ein aktuelles Thema aus Ihrem Fachgebiet
- als Einstieg in ein für Sie noch unbekanntes Themenfeld
- als Einblick, um zum Thema mitreden zu können

Die Bücher in elektronischer und gedruckter Form bringen das Expertenwissen von Springer-Fachautoren kompakt zur Darstellung. Sie sind besonders für die Nutzung als eBook auf Tablet-PCs, eBook-Readern und Smartphones geeignet. *essentials:* Wissensbausteine aus den Wirtschafts-, Sozial- und Geisteswissenschaften, aus Technik und Naturwissenschaften sowie aus Medizin, Psychologie und Gesundheitsberufen. Von renommierten Autoren aller Springer-Verlagsmarken.

Weitere Bände in der Reihe http://www.springer.com/series/13088

Matthias Böck · Felix Köbler · Eva Anderl
Linda Le

Social-Media-Analyse – mehr als nur eine Wordcloud

HMD Best Paper Award 2016

Mit einem Geleitwort von Prof. Dr. Andreas Meier
und Dr. Darius Zumstein

Matthias Böck
München, Deutschland

Eva Anderl
München, Deutschland

Felix Köbler
München, Deutschland

Linda Le
München, Deutschland

Das essential ist die überarbeitete und erweiterte Version des Artikels: M. Böck, F. Köbler, E. Anderl, L. Le: Social Media-Analyse – Mehr als nur eine Wordcloud? HMD – Praxis der Wirtschaftsinformatik 53 (2016), 309, S. 323-338.

ISSN 2197-6708   ISSN 2197-6716   (electronic)
essentials
ISBN 978-3-658-19801-5   ISBN 978-3-658-19802-2   (eBook)
https://doi.org/10.1007/978-3-658-19802-2

Die Deutsche Nationalbibliothek verzeichnet diese Publikation in der Deutschen Nationalbibliografie; detaillierte bibliografische Daten sind im Internet über http://dnb.d-nb.de abrufbar.

Gedruckt auf säurefreiem und chlorfrei gebleichtem Papier

Springer Vieweg ist Teil von Springer Nature
Die eingetragene Gesellschaft ist Springer Fachmedien Wiesbaden GmbH
Die Anschrift der Gesellschaft ist: Abraham-Lincoln-Str. 46, 65189 Wiesbaden, Germany

Was Sie in diesem *essential* finden können

- Eine Übersicht zu den relevantesten Social Media-Kanälen und deren zur Verfügung stehenden Daten sowie deren Sammlung
- Eine exemplarische Einführung in die Möglichkeiten von deskriptiven bis hin zu algorithmusgestützten Analyseverfahren auf Social Media-Daten
- Erkenntnisse über die strategische Koordination des eigenen Social Media-Kanals und dem Einsatz von Ziele-Maßnahmen-Systemen
- Diskussion möglicher Potenziale, die durch die Anwendung von komplexeren Analysemethoden gehoben werden können
- Reflektion konzeptioneller und technischer sowie ethischer Herausforderungen und Limitierungen

Geleitwort

Der prämierte Beitrag

Analytics gewinnt im Zeitalter von Big Data an Bedeutung: Strukturierte wie unstrukturierte Daten aus operativen Geschäftsprozessen, Kundenbeziehungen, sozialen Medien, digitalen Kanälen, Produktinformationen, Lieferantenkonstellationen etc. werden mit Werkzeugen des Analytics ausgewertet und für die Entscheidungsträger im Unternehmen resp. für alle Anspruchsgruppen aufbereitet. Ziel dabei bleibt, die Wertschöpfung zu verbessern und für die Zukunft zu sichern.

Für unser HMD-Schwerpunktheft Nr. 309 über Business Analytics (HMD – Praxis der Wirtschaftsinformatik, Band 53, Heft 3, Juni 2016) konnten wir unsere Kollegen von der FELD M GmbH in München motivieren, einen Beitrag zur Analyse von Social Mediadaten zu verfassen. Im November 2015 erhielten wir von Matthias Böck, Felix Köbler, Eva Anderl und Linda Le den Beitrag „Social Media-Analyse – Mehr als nur eine Wordcloud?" (S. 323–338 im erwähnten HMD-Heft Nr. 309). Aufgrund zweier Gutachten konnten die Autoren den Beitrag verbessern und ihn Ende Januar 2016 online publizieren, bevor er im Juni 2016 im HMD-Schwerpunktheft über Business Analytics erschien.

Der Beitrag beschreibt anhand von konkreten Anwendungen aktuelle Auswertungsverfahren. Neben deskriptiven Auswertungen beleuchtet er den Nutzen von Sentimentanalysen, Assoziationsregeln und bei der Anwendung von Graphalgorithmen. Spannend ist dabei die Tatsache, dass das Sample aus Twitter- und Facebook-Daten zum Thema „Tatort" stammt. Der Datensatz enthält 500'000 Einträge und über 90'000 Nutzer, wobei die in deutscher Sprache verfassten Nachrichten herausgefiltert, in einer NoSQL-Datenbank (MongoDB) gespeichert und mit der Programmiersprache R für statistische Auswertungen analysiert wurden.

Beim Erscheinen des HMD-Heftes über Business Analytics haben wir den HMD-Herausgebern empfohlen, den Beitrag über die Social Media-Analyse in den Pool für herausragende HMD-Beiträge des Jahrs 2016 aufzunehmen.

Mit Freude konnten wir nach der Evaluation den Autoren von FELD M gratulieren und sie auffordern, ihren Beitrag auf Wunsch zu aktualisieren und für die Springer *essentials* aufzuarbeiten.

Die HMD – Praxis der Wirtschaftsinformatik und der HMD Best Paper Award

Alle HMD-Beiträge basieren auf einem Transfer wissenschaftlicher Erkenntnisse in die Praxis der Wirtschaftsinformatik. Umfassendere Themenbereiche werden in HMD-Heften aus verschiedenen Blickwinkeln betrachtet, sodass in jedem Heft sowohl Wissenschaftler als auch Praktiker zu einem aktuellen Schwerpunktthema zu Wort kommen. Den verschiedenen Facetten eines Schwerpunktthemas geht ein Grundlagenbeitrag zum State of the Art des Themenbereichs voraus. Damit liefert die HMD IT-Fach- und Führungskräften Lösungsideen für ihre Probleme, zeigt ihnen Umsetzungsmöglichkeiten auf und informiert sie über Neues in der Wirtschaftsinformatik. Studierende und Lehrende der Wirtschaftsinformatik erfahren zudem, welche Themen in der Praxis ihres Faches Herausforderungen darstellen und aktuell diskutiert werden.

Wir wollen unseren Lesern und auch solchen, die HMD noch nicht kennen, mit dem „HMD Best Paper Award" eine kleine Sammlung an Beiträgen an die Hand geben, die wir für besonders lesenswert halten, und den Autoren, denen wir diese Beiträge zu verdanken haben, damit zugleich unsere Anerkennung zeigen. Mit dem „HMD Best Paper Award" werden alljährlich die drei besten Beiträge eines Jahrgangs der Zeitschrift „HMD – Praxis der Wirtschaftsinformatik" gewürdigt. Die Auswahl der Beiträge erfolgt durch das HMD-Herausgebergremium und orientiert sich an folgenden Kriterien:

- Zielgruppenadressierung
- Handlungsorientierung und Nachhaltigkeit
- Originalität und Neuigkeitsgehalt
- Erkennbarer Beitrag zum Erkenntnisfortschritt
- Nachvollziehbarkeit und Überzeugungskraft
- Sprachliche Lesbarkeit und Lebendigkeit

Alle drei prämierten Beiträge haben sich in mehreren Kriterien von den anderen Beiträgen abgesetzt und verdienen daher besondere Aufmerksamkeit. Neben dem Beitrag von Matthias Böck, Felix Köbler, Eva Anderl und Linda Le wurden ausgezeichnet:

1. Schröder, H., & Müller, A. (2016). Szenarien und Vorgehen für die Gestaltung der IT-Organisation von morgen. *HMD – Praxis der Wirtschaftsinformatik, 53*(5), 311, 580–593.
2. Brandes, C., & Heller, M. Qualitätsmanagement in agilen IT-Projekten – quo vadis? *HMD – Praxis der Wirtschaftsinformatik, 53,* 308, 169–184.

Die HMD ist vor mehr als 50 Jahren erstmals erschienen: Im Oktober 1964 wurde das Grundwerk der ursprünglichen Loseblattsammlung unter dem Namen „Handbuch der maschinellen Datenverarbeitung" ausgeliefert. Seit 1998 lautet der Titel der Zeitschrift unter Beibehaltung des bekannten HMD-Logos „Praxis der Wirtschaftsinformatik", seit Januar 2014 erscheint sie bei Springer Vieweg. Verlag und HMD-Herausgeber haben sich zum Ziel gesetzt, die Qualität von HMD-Heften und -Beiträgen stetig weiter zu verbessern. Jeder Beitrag wird dazu nach Einreichung doppelt begutachtet: Vom zuständigen HMD- oder Gastherausgeber (Herausgebergutachten) und von mindestens einem weiteren Experten, der anonym begutachtet (Blindgutachten). Nach Überarbeitung durch die Beitragsautoren prüft der betreuende Herausgeber die Einhaltung der Gutachtervorgaben und entscheidet auf dieser Basis über Annahme oder Ablehnung.

Liebe Leserschaft der Springer *essentials*: Sie erhalten mit dieser Publikation einen Überblick über wichtige Analyseverfahren für Social Media. Und noch etwas: Am nächsten Sonntagabend werden Sie Ihre beliebte Krimiserie mit andern Augen wahrnehmen ;-)

In diesem Sinne wünschen wir Ihnen bei der Lektüre wie beim Praxistest viel Spaß!

Fribourg	Andreas Meier
Luzern	Darius Zumstein

Bibliografische Informationen

Böck, M., Köbler, F., Anderl, E., & Le, L. (2016). Social Media-Analyse – Mehr als nur eine Wordcloud? *HMD – Praxis der Wirtschaftsinformatik, 53,* 309, 323–338.

Inhaltsverzeichnis

Einleitung 1

Durch die rasante Verbreitung von Social Media und die hochfrequente, kontinuierliche Nutzung von Social Media-Plattformen in den letzten Jahren, haben Analysen der dabei erzeugten Daten stark an Aufmerksamkeit unter Entscheidern in Unternehmen gewonnen. Die Anwendung und insbesondere die Ergebnisse dieser Analysen sind immer häufiger nicht nur auf einer marketingstrategischen, sondern auch auf einer unternehmensstrategischen Ebene relevant. Die Herausforderungen, aber auch die Potenziale zur Ableitung konkreter Handlungsempfehlungen aus den Analysen bleiben dabei in der Praxis bis dato jedoch meist ungelöst und ungenutzt.

Ziel dieses Beitrags ist es, einen Überblick über aktuelle Auswertungsverfahren für Social Media-Daten zu geben und deren mögliche Anwendung exemplarisch aufzuzeigen. Hierzu werden anhand eines Datensatzes, der Daten von Facebook und Twitter enthält, sowohl deskriptive Auswertungsverfahren als auch weiterführende, komplexere Data Mining-Methoden vorgestellt. Simplere, überwiegend visuelle Analysemethoden liefern eine intuitiv interpretierbare Übersicht zu grundlegenden Metriken oder häufig diskutierten Themen. Darüber hinaus sind aber auch weiterführende Analysen zu emotionalen Kontexten und subjektiven Einschätzungen der Nutzer sowie zur Art und Weise der Vernetzung der mit den Inhalten interagierenden Nutzer oder den Zusammenhängen zwischen einzelnen Themen möglich. Zusätzlich können weitere Dimensionen, wie zeitliche Parameter (bspw. das betrachtete Zeitfenster) und verschiedene Datentypen sowie die unterschiedlichen Verwendungszwecke und -kontexte der unterschiedlichen Social Media-Plattformen in die Analysen einbezogen werden. Der Beitrag diskutiert anschließend, welche Herausforderungen bzgl. einer systematischen Integration, Planung und Steuerung der exemplarisch vorgestellten Social Media-Analysen in Unternehmen gelöst werden müssen, um für Entscheider relevante

© Springer Fachmedien Wiesbaden GmbH 2017   1
M. Böck et al., *Social-Media-Analyse – mehr als nur eine Wordcloud*,
essentials, https://doi.org/10.1007/978-3-658-19802-2_1

Ergebnisse und zielgerichtete, konkrete Handlungsempfehlungen zu realisieren. In einem abschließenden Kapitel wird ein Ausblick auf zukünftige Entwicklungen im Bereich Social Media Analytics gegeben und kritisch reflektiert.

Der Begriff *Social Media* fasst alle internetbasierten Anwendungen zusammen, mit deren Hilfe Nutzer Informationen erstellen, modifizieren und verteilen können (Kaplan und Haenlein 2010). Gemäß dieser Definition umfasst Social Media damit u. a. kollektive und auf Kollaboration ausgerichtete Anwendungsszenarien wie z. B. Blogs und Micro-Blogs (z. B. Twitter), Content-Communities (z. B. YouTube) und *soziale Netzwerke* wie Facebook oder LinkedIn. Diese Plattformen unterscheiden sich sowohl in den Interaktionsraten und -formen der Nutzer als auch in der technischen Konzeption (z. B. Limitierung der Zeichenanzahl bei Twitter) und in ihren Konventionen. Diese konzeptionellen und technischen Unterschiede der Plattformen müssen bei der Analyse der auf der jeweiligen Plattform erzeugten Daten berücksichtigt werden. Weiterführend ist es wichtig zu verstehen, aus welchen Beweggründen und Kontexten Inhalte durch die Nutzer erstellt, kommentiert und/oder verteilt werden, und dass es sich unter Umständen nicht um die Abbildung der Meinung der breiten Masse, sondern um höchst subjektive Meinungsäußerungen handeln kann (Schweidel und Moe 2014).

Analysen können sowohl zur Wirkungsmessung von Marketingmaßnahmen als auch zur Umfeldanalyse von einzelnen Produkten oder Wettbewerbern eingesetzt werden. Bei der Wirkungsmessung stehen zum einen die Messung des Erfolgs von Marketingmaßnahmen und zum anderen die Optimierung der entsprechenden Maßnahmen im Mittelpunkt. Aus den besonderen konzeptionellen Charakteristika von Social Media, aber auch der jeweiligen technischen Umsetzung der Plattformen resultiert die Notwendigkeit, neue Methoden zur Analyse und Messung von nutzergenerieten Daten bereitzustellen und diese zielführend und systematisch anzuwenden (Peters et al. 2013).

Aus einer Marketingperspektive ergeben sich zum traditionellen Marketing, das stark von Push-Maßnahmen geprägt ist, relevante Unterschiede, da Nutzer auf Social Media-Plattformen, Inhalte nicht nur konsumieren, sondern diese primär auch erstellen, verändern und basierend auf der zugrunde liegenden Netzwerklogik verteilen können. Die Inhalte und Botschaften können sich hierbei auf sehr komplexe Weise innerhalb der existierenden Netzwerkstrukturen verteilen (bspw. Word-of-Mouth-Effekt) und in ihrer Intensität und Deutung beeinflusst werden (Hennig-Thurau et al. 2013). Die Wirkungsmessung sollte daher sowohl vom Unternehmen direkt gesteuerte Kanäle, wie bspw. eine unternehmenseigene Facebook-Seite („owned"), als auch nicht-direkt beeinflussbare Kanäle, wie bspw. externe Blogs oder Twitter-Accounts von Nutzern („earned"), berücksichtigen.

Daten über Daten – eine kurze Bestandsaufnahme

2

Jede Form der Auswertung kann nur so gut und vollständig sein wie ihre Datengrundlage. Die Datengrundlage, die sich aus plattform- und nutzergenerierten Inhalten von Social Media-Plattformen realisieren lässt, ist zumeist durch sehr große Mengen an unstrukturierten Daten aus einer Vielzahl von Quellen charakterisiert. Zur Veranschaulichung verfügten die geschätzt 3,8 Mrd. Internetnutzer im Jahr 2016 (prozentualer Anstieg im Vergleich zu 2014 jeweils in Klammern, hier ca. +25 % gegenüber 2014) weltweit knapp 2,8 Mrd. (+34 %) aktive Accounts auf den aktuell relevantesten Social Media-Plattformen (We Are Social Report 2015 und 2017). Ein Großteil der globalen Social Media-Nutzer ist hierbei in den sozialen Netzwerken Facebook, Qzone (in China) sowie bei deren Messenger-Apps Facebook Messenger, WhatsApp und QQ registriert. Geringfügig kleiner als Qzone folgen Instagram (mit 600 Mio. Nutzern etwa ein Drittel so groß wie Facebook) und Twitter (550 Mio.) sowie deutlich kleineren, aber stark zuletzt immer stärker in den Fokus der Marketeers gerutschten Plattformen wie Snapchat oder sogar LinkedIN.

Neben den an registrierten und aktiven Nutzern gemessenen größten sozialen Netzwerken existiert allerdings noch eine Vielzahl von Blogs, Foren und Videoportalen, die unter Umständen eine deutlich höhere Relevanz bezogen auf die Zielgruppe eines Unternehmens haben können. Folglich sollte bei der Auswahl der für Marketingmaßnahmen zu nutzenden sowie zur Erkenntnisgewinnung zu analysierenden Plattformen die Relevanz für das entsprechende Unternehmen berücksichtigt werden.

Infolgedessen können durch eine Marketingkampagne auf der Plattform Facebook potenziell die meisten Nutzer erreicht werden, ein intensiverer Austausch zu einem spezifischen Thema oder Inhalten erfolgt aber dagegen oftmals in themenspezifischen Foren (z. B. im Automobilbereich). Aus einer analytischen

© Springer Fachmedien Wiesbaden GmbH 2017
M. Böck et al., *Social-Media-Analyse – mehr als nur eine Wordcloud*,
essentials, https://doi.org/10.1007/978-3-658-19802-2_2

Perspektive können Daten, die aus Foren gewonnen werden, oft besser für qualitative Analysemethoden herangezogen werden und im Vergleich zu quantitativen Auswertungen auf großen Datenmengen bessere und detailliertere Erkenntnisse liefern (z. B. zu Produktschwächen und Nutzungsszenarien). Auch haben Social Media-Plattformen in verschiedenen Ländern eine unterschiedliche Bedeutung und Relevanz. So verwenden in China durch die von der Regierung durchgesetzten Verbote kaum Nutzer Twitter oder Facebook, sondern deutlich stärker Qzone oder WECHAT, während in Russland die Social Media-Plattform vKontakte weit verbreitet ist (We Are Social Report 2015).

Zusätzlich zur Plattform spielt das verwendete Endgerät eine wichtige Rolle. Auch hier hat sich in den letzten Jahren das Nutzungsverhalten stark verändert und die Nutzung von Desktop wird immer weiter von Mobile in den Hintergrund gedrängt. Hier war zuletzt ein Zuwachs um 51 % von 2014 auf 2016 zu 2,6 Mrd. aktiven Social Media-Nutzern über Mobile zu beobachten. Mit einer anderen Zahl umschrieben: 34 % der Weltbevölkerung, die über Mobile aktiv in Social Media-Plattformen teilnehmen. In der Analyse ist es wichtig, sich den ggf. unterschiedlichen Kontext einer mobilen Endgerätnutzung zu verdeutlichen.

Das Sammeln von Social Media-Daten ist in der Regel für ein Unternehmen nur mit hohem informationstechnologischen Aufwand umsetzbar. Zwar bieten die großen Plattformen verschiedene offene Schnittstellen zur Datensammlung an, ändern aber zugleich fortlaufend technische Spezifikationen dieser Schnittstellen. So hat Facebook seit April 2015 die Freitextsuche über alle öffentlichen Posts eingestellt und liefert diese Information nur noch an das Partnerunternehmen DataSift aus. Dieses bietet wiederum eine kostenpflichtige Schnittstelle für die Daten an. Im Gegensatz zu bisherigen API können aber nicht nur alle öffentlichen Posts durchsucht werden, sondern ebenfalls auf aggregierte private Statusupdates (kein Opt-out möglich) der Nutzer zurückgegriffen werden. Letzteres wird unter dem Begriff „Topic Data" vertrieben und ermöglicht es Unternehmen, weitreichende Erkenntnisse zu Marken, Themen und Aktivitäten im Kontext von Sentiment, Volumen und Ort zu sammeln. Um die Privatsphäre seiner Nutzer zu schützen, aggregiert Facebook die Daten immer für mindestens 100 unterschiedliche Nutzer und entfernt persönliche Informationen wie z. B. die eigene Adresse.

Plattformen ohne entsprechende Schnittstellen müssen oft aufwendig gecrawlt und die Daten prozessiert werden. Dies hat zumeist den Nachteil, dass Änderungen auf der Seite oder in der Datenstruktur nicht von den vordefinierten Prozessierungsroutinen abgefangen werden können und hierdurch Datenlücken oder im schlimmsten Fall fehlerhafte Werte erzeugt werden.

Neben der Sammlung von Inhalten und Kennzahlen zu deren Reichweite und Frequentierung, ist es aber natürlich auch von großer Bedeutung, den Social

Media zugeordneten Traffic auf der eigenen Webseite (sofern die eigene Social Media-Strategie auf ein dort verankertes Ziel ausgerichtet ist) zu messen. Gerade wenn es darum geht Budget zu allokieren, um die unterschiedlichen zur Verfügung stehenden Marketingkanäle zu optimieren, ist die Messung des Konversionsbeitrags zu einer Zielstellung elementar.

Dark Social ist ein Begriff, der sich auf das Teilen von digitalen Inhalten außerhalb des messbaren Bereichs von Web Analyse Tools abspielt. Dies geschieht zumeist wenn ein Link per Chat oder E-Mail ausgetauscht wird und nicht über eine Social Media-Plattform, von der man einen Referrer messen kann. Sieht man sich die Einstiegspunkte ohne Referrer genauer auf der eigenen Webseite an, kann man jedoch ein ungefähres Gefühl für den Anteil von Dark Social bekommen, indem man sich auf die Seiten mit längeren, komplizieren URLs konzentriert, da diese eher unwahrscheinlich vom Nutzer manuell eingegeben werden. Berücksichtigt man diesen zusätzlichen Traffic nicht, unterschätzt man u. U. deutlich den eigenen Social Media-Kanal und dessen Einfluss.

Gerade kleinere Unternehmen verzichten mittlerweile immer häufiger auf die traditionelle Webseite und fokussieren ihre Aktivitäten ausschließlich auf ihren Social Media-Auftritt. Auch hier lassen sich entsprechende Kennzahlen definieren und messen. Die Verknüpfung der Inhalte mit dieser Performancemessung ergibt schlussendlich erst ein ganzheitliches Bild des eigenen Social Media-Auftritts.

Neben der Datensammlung ist es zudem eine enorme Herausforderung, die Datenmenge und unterschiedlichen Inhalte (Text, Foto, Video) und deren dynamische Struktur (Kommentare, Retweets, Änderungen) zu speichern. Hierfür bieten sich Big Data-Lösungen wie NoSQL-Datenbanken (bspw. Document Store für text-intensive Daten) an, die hochskalierende Daten verarbeiten können, allerdings keine umfassende Lösung für die zugrunde liegende Datenkomplexität darstellen.

Zwischen Datensammlung, Datenspeicherung und Datenabfrage stehen komplexe ETL-Prozesse (Extraktion, Transformation und Laden) zur Transformation und Bereinigung der Daten. Einfachere Probleme stellen dabei noch das Entfernen von Duplikaten oder die Spracherkennung dar. Eine höhere Komplexität weisen die Identifikation von sog. Bots, die gerade auf Twitter oftmals eingesetzt werden, und das Filtern von Spam bzw. irrelevanten Nachrichten auf. In den letzten Monaten sind gerade Bots immer wieder in den Fokus gerückt, die nicht nur Spam verbreiten, sondern gezielt zur Meinungsbeeinflussung verwendet werden, um ein falsches Stimmungsbild zu suggerieren und eigene Interessen zu verstärken. Der Umgang mit diesen Einflussfaktoren und ggf. geeigneter Gegenmaßnahmen im eigenen Netzwerk ist ein bisher ungelöstes Problem.

Speziell bei breitangelegten Umfeldanalysen auf Basis von Freitexten ist die Filterung entscheidend für den Erfolg der Auswertung. Gerade die Suche nach im allgemeinen Sprachgebrauch weitverbreiteten Markennamen, wie z. B. MAN oder MINI, stellt kommerzielle Tools wie Analysten oft vor das Problem, entweder eine Vielzahl von potenzieller Beiträge zu verwerfen (z. B. die Suche „Case Sensitive", also auf Groß-/Kleinschreibung achtend einzustellen) oder mit enormen, manuellen Aufwand Filterregeln zu definieren.

In diesem Beitrag werden exemplarisch Daten aus Facebook und Twitter verwendet, die zwischen Mai 2014 und April 2015 gesammelt wurden. Dieser Datensatz setzt sich aus allen öffentlichen Einträgen auf Facebook und Twitter zum Thema „Tatort" zusammen. Der Datensatz enthält 550.000 Einträge von über 90.000 Nutzern und wurde auf alle in deutscher Sprache verfassten Nachrichten gefiltert. Die Daten wurden in einer MongoDB gespeichert und mittels R prozessiert und analysiert. Eine Übersicht ist in Tab. 2.1 dargestellt.

Die Verteilung der Geschlechter wurde über einen Abgleich der Profilnamen mit gängigen Namenslexika zu Frauen und Männern berechnet. Nicht zuordenbare Profilnamen wurden als neutral eingestuft und repräsentieren in der Regel Unternehmen und andere Organisationen.

Tab. 2.1 Übersicht zu den gesammelten Daten. Dedupliziert bedeutet, dass mehrfache Posts (z. B. Retweets) entfernt wurden. Die rechte Spalte stellt die Aufteilung der Nutzer in Anteile von Männern, Frauen und neutralen Organisationen (oder nicht zuordenbaren Profilen) dar

Tatort	#Gesamt	#Dedupliziert	#User	% m/f/n
Twitter	398.000	316.000	49.000	34 %/15 %/51 %
Facebook	153.000	153.000	43.000	37 %/26 %/37 %

Deskriptive Auswertung – Metriken, Wordcloud und Trends

3

Social Media-Plattformen und im Speziellen soziale Netzwerke können auf verschiedensten Ebenen analytisch betrachtet werden. Dies kann unter anderem über Metriken erfolgen, wie Follower, Likes, Retweets, Häufigkeiten, aber auch auf Netzwerkebene in Form von z. B. „Reach" (Wie viele Nutzer werden über das Netzwerk potenziell mit einem bestimmten Inhalt erreicht?). Metriken erlauben es, Beobachtungen zu quantifizieren und zudem Zielvorgaben zu definieren. Häufig wird auch „Engagement" als Maß für die Interaktionsintensität der Nutzer, die auf einer Plattform registriert sind oder diese zumindest regelmäßig besuchen und mit den dort veröffentlichten Inhalten interagieren, herangezogen.

Neben den Metriken der verschiedenen Plattformen (z. B. Likes, Retweets) sind zudem die unterschiedlichen Inhalte auf den Plattformen nur bedingt miteinander vergleichbar. Schweidel und Moe (2014) weisen bei der Auswertung von Social Media-Daten explizit auf den Faktor der Datenherkunft hin. Dennoch werden in der Praxis Social Media-Daten von sog. Digital Listening-Anbietern oft plattformübergreifend gesammelt und ausgewertet. Häufig stellen diese Anbieter Tools zur Erstellung von Dashboards für die explorative Analyse der gesammelten Daten zur Verfügung.

Neben relevanten Metriken dienen meist Wordclouds als aggregierende Visualisierungsmethode von durch die Nutzer diskutierten Themen über einen bestimmten Zeitraum. Je größer und zentraler ein Begriff in einer Wordcloud dargestellt ist, umso häufiger taucht dieser im untersuchten Datensatz auf. Zusätzlich können Trendverläufe sowie die am häufigsten kommentierten oder „geretweeteten" Posts in visueller Form (z. B. als Graph) abgebildet werden.

Abb. 3.1 zeigt jeweils für Twitter und Facebook eine Gesamtübersicht über alle deduplizierten (doppelte Texte wie Retweets wurden entfernt), gesammelten Daten. Auf den ersten Blick scheinen die durch die Nutzer veröffentlichten

© Springer Fachmedien Wiesbaden GmbH 2017
M. Böck et al., *Social-Media-Analyse – mehr als nur eine Wordcloud,*
essentials, https://doi.org/10.1007/978-3-658-19802-2_3

Abb. 3.1 Wordcloud links, für etwa 316.000 Twitter-Daten aus Deutschland über ein ganzes Jahr. Rechts, selber Zeitraum für 153.000 Facebook-Daten. Je zentraler und größer ein Begriff dargestellt ist, umso häufiger wurde er verwendet. „Sonntagabend" taucht bedingt durch den Ausstrahlungstag häufig auf. Interessante Themen sind darüber hinaus einzelne Tatorte wie der Tatort aus Franken (#dadord), Münster oder Schauspieler wie Til Schweiger

textuellen Beiträge und Themen auf beiden Plattformen sehr ähnlich zu sein. Wordclouds können eine erste, schnelle Übersicht liefern, müssen aber zuvor entsprechend gefiltert werden, um Inhalte erkennbar zu machen und bilden den zeitlichen Verlauf und potenziell interessante Unterthemen nur schlecht ab. Im Beispiel wurde deshalb der Gesamtzeitraum mit k-Means nach Häufigkeit der deduplizierten Posts geclustert und der Datensatz in sechs, zeitlich zusammenhängende Cluster aufgeteilt (siehe Abb. 3.2c). Der k-Means-Algorithmus teilt einen Datensatz in k nicht überlappende Untergruppen ein, dabei ist k eine vom Nutzer vorgegebene Anzahl. Für das Clustering wurden die Standardsettings in R k-Means auf Basis des Algorithmus von Hartigan und Wong verwendet (Hartigan und Wong 1979). Deduplizierte Posts wurden verwendet, um möglichst unterschiedliche Themen abzubilden. Die Auswertung der häufigsten Retweets würde dagegen starke Trends einzelner Themen favorisieren. Abb. 3.2a zeigt den zeitlichen Verlauf aller im Datensatz enthaltenen Einträge. In dieser Darstellung kann man u. a. erkennen, dass es regelmäßig wiederkehrende Peaks gibt (jeweils sonntags zur Hauptsendezeit der Serie) mit Unterbrechungen während der Sommerpause sowie um die Weihnachts- und Osterzeit. Die mit Abstand meiste Aktivität erfolgt auf Twitter. Bei dieser Analyse lassen sich zudem deutliche Unterschiede im Interesse bzgl. der unterschiedlichen Tatorte erkennen. Männliche Nutzer

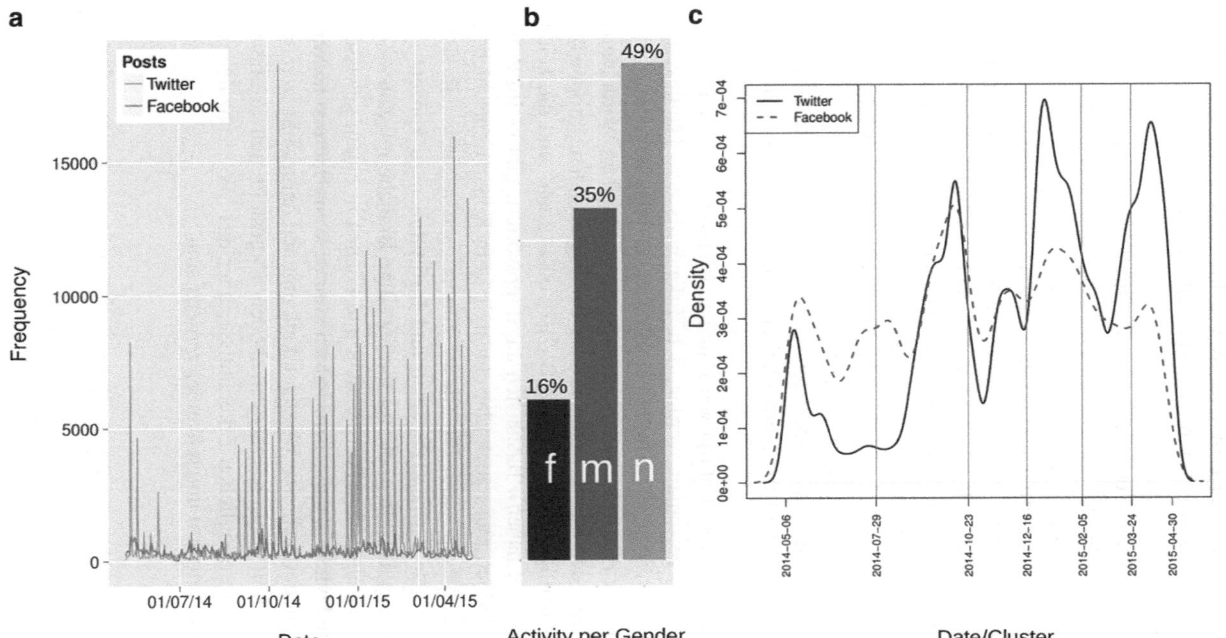

Abb. 3.2 **a** gibt eine Übersicht zu allen Einträgen auf Facebook und Twitter über den Gesamtzeitraum. Der größte Peak am 12.10.14 steht für den Tatort „Im Schmerz geboren", der mehrere Auszeichnungen erhalten hat. Zu dieser Sendung startete der Hessische Rundfunk die interaktive Web-TV- und Radio-Show „Tatort – die Show". **b** zeigt, wie sich die Aktivität der Twitter-Nutzer auf Männer (m), Frauen (f) und Neutral (n, nicht zuordenbar oder eine Organisation) aufteilt. Dabei ist zu erkennen, dass Männer deutlich mehr als Frauen posten und es darüber hinaus noch bedeutend mehr Instanzen gibt wie Zeitungen, Blogs usw., die zum Thema Tatort posten. **c** zeigt ein k-Means Clustering der Posts zu Twitter über ein Jahr in sechs Gruppen. Die senkrechten, roten Linien geben die Trennpunkte zwischen den Clustern an

scheinen dabei tendenziell mehr zu Posten als Weibliche. Darüber hinaus gibt es eine größere Anzahl an Posts von neutralen Instanzen wie Nachrichtenportalen und Blogs (Abb. 3.2b).

Abb. 3.3 zeigt die Aufteilung der Daten in die zuvor beschriebenen sechs Cluster. Im Gegensatz zur Wordcloud in Abb. 3.1 ergibt sich in den einzelnen Untergruppen ein deutlich besseres Bild über die unterschiedlichen Themen und deren Gewichtung. In den Clustern 1 und 6 gibt es stark dominierende Themen, wie der Frankentatort (#dadord), während in den anderen Clustern meist mehrere Tatorte diskutiert werden. „Til" taucht in verschiedenen Clustern auf, jedoch handelt es sich hier nicht um den in Cluster 3 auftauchenden Schauspieler „Til Schweiger", sondern um den Satirepodcast des Südwestrundfunks (SWR3) zum Tatort. Das Beispiel zeigt, dass die Darstellung stark von Zeit und auch dem Filtern der Texte abhängig sein kann. Unter Umständen ergeben sich sinnvolle Zusammenhänge erst bei einer ausreichenden Granularität der Betrachtungsweise. Automatisches Clustering kann hierbei helfen, einen passenden Startpunkt zu wählen.

Mit Wordclouds und anderen deskriptiven visuellen Methoden kann ein erster Überblick über das „Was" gewonnen werden, d. h. Erkenntnisse zu Häufigkeitsverteilungen der Nutzeraktivität, Dynamik über die Zeit, Gender-Verteilung und Nutzung unterschiedlicher Plattformen. Ein wesentlicher Nachteil an Wordclouds ist, dass diese stark von den verwendeten Filtern der sogenannten „Stoppwörter" (Wörter, die sehr häufig auftreten wie z. B. „ist" oder „man" und die keine Bedeutung für die Analyse haben). Basislisten an Stoppwörtern gibt es im Prinzip für jede Sprache, jedoch muss auch hier abhängig vom Kontext entschieden werden, welche Worte relevant sind. Ein Ansatz könnte es u. a. auch sein sich lediglich auf Entitäten, also Firmen, Personen und Institutionen zu konzentrieren sowie bestimmter Eigenschaften, die für die jeweilige Branche relevant sind. Wordclouds geben somit eine schnelle Übersicht und können in einem gewissen Umfang auch zeitliche Dynamik darstellen. Jedoch können komplexere kontextuelle Zusammenhänge nicht durch eine Wordcloud erkannt und dargestellt werden. Im Folgenden werden komplexere Analysemethoden vorgestellt und exemplarisch angewendet, die es ermöglichen Erkenntnisse, über das „Wie" abzuleiten, bspw. wie Nutzer einer Plattform untereinander vernetzt sind.

Abb. 3.3 Wordclouds für die sechs generierten Cluster (von links nach rechts) der deduplizierten Daten auf Twitter. Relativ deutlich erkennt man nun einzelne Tatorte (z. B. Köln, Münster, Stuttgart/Berlin, Dortmund/Weimar, Kiel/Köln und Nürnberg/Leipzig)

Fortgeschrittene Auswertungen – Sentiment, Assoziationsregeln und Netzwerkstrukturen

4

Die Erfassung und Auswertung von Empfindungen oder Stimmungen der Nutzer innerhalb von Social Media-Plattformen können für Unternehmen eine hohe Relevanz besitzen. Hierbei wird versucht, jedem veröffentlichten Inhalt eine Emotion zuzuordnen, die meist in die Kategorien positiv, negativ oder neutral eingestuft wird. Dies kann durch die Anwendung von mehr oder weniger komplexen Algorithmen durchgeführt werden. Im einfachsten Fall werden Lexika mit Wörtern, die negativen oder positiven Emotionen zugeordnet sind, verwendet. Die Häufigkeit der hiervon verwendeten Wörter im Text wird für die Berechnung eines *Scores* herangezogen, der wiederum den Text in die jeweilige Kategorie einordnet. Komplexere Methoden verwenden u. a. Markov-Ketten bis hin zu Neuronalen Netzen, um textuellen Inhalten entsprechende Labels zuzuordnen. Diese Methoden zielen dann oft nicht mehr nur auf die Analysen einzelner Worte, sondern verwenden sogenannte N-Gramme (ein Bigramm ist z. B. eine Verbindung aus zwei Wörtern) in der Auswertung. Hierdurch kann man Verkettungen wie „nicht gut" zuordnen. Allerdings auch wiederum mit der Einschränkung, dass diese Wörter nebeneinander auftauchen müssen. Dazu kommt das immer noch größte Problem: die Ironie. Algorithmen können diesen Zusammenhang immer noch nur schwer lernen und treffen entsprechend falsche Rückschlüsse auf das zugrunde liegende Sentiment. Eine Validierung der Güte von Algorithmen ist oft nur mit hohem manuellen Aufwand verbunden und leider müssen Algorithmen für jeweilige Sparten gesondert trainiert werden. Was für ein Auto eine positive Beschreibung sein mag, kann für Babynahrung eine negative Bedeutung haben. Auch hier ist der Aufwand hoch, ausreichend große Test- und Trainingsdatensätze zu generieren, die manuell mit einem positiven, negativen und natürlich neutralen Label versehen werden müssen. Sentiment Analysen werden nicht nur in der Theorie breit diskutiert, sondern finden bereits in der Praxis häufig Anwendung und werden deshalb im Folgenden nicht näher betrachtet. Es ist jedoch wichtig, sich

© Springer Fachmedien Wiesbaden GmbH 2017
M. Böck et al., *Social-Media-Analyse – mehr als nur eine Wordcloud*,
essentials, https://doi.org/10.1007/978-3-658-19802-2_4

stets bewusst zu sein, dass selbst die besten Ansätze aktuell weit davon entfernt sind, alle Texte richtig zu klassifizieren (Cambria und Hussain 2012).

Die zugrunde liegende Netzwerkstruktur und Interaktionsmechanismen auf Social Media-Plattformen sind relevante Komponenten, die in der Marketingstrategie berücksichtigt werden sollten. Zu den generellen Eigenschaften von sozialen Netzwerken gehört die Eigenschaft skalenfrei zu sein und somit aus vielen Knoten mit wenigen Kanten und einigen wenigen Knoten mit sehr vielen Kanten, sog. *Hubs,* zu bestehen. Netzwerke können als Graphen repräsentiert werden, wobei die Knoten V den Entitäten (Personen, Organisationen) und die Kanten E den Interaktionen entsprechen. Diese können gerichtet oder ungerichtet sein. Zusätzlich können Kanten auch eine Gewichtung tragen, z. B. durch das Einberechnen von Mehrfachinteraktionen durch Kommentare und Antworten. In Abb. 4.1 werden die Graphen für Twitter basierend auf den @-mentions (Nutzer A erwähnt Nutzer B über das @-Symbol in seinem Tweet) erzeugt, mit gerichteten, ungewichteten Kanten. Durch diese Verkettung kann ein Netzwerk abgebildet werden, welches tatsächliche Interaktionen wiedergibt. Oft werden für die Analyse der Netzwerkstruktur die Freundesnetzwerke von Twitter und Facebook herangezogen. Jedoch sind diese Daten für Facebook nur kostenpflichtig zu beziehen. Durch diese Netzwerke hat man zwar einen deutlich umfangreicheren Datensatz als über die zuvor beschriebenen @mentions, allerdings besteht auch keine Gewissheit über die tatsächliche Interaktion zwischen den Nutzern und welche Posts auch tatsächlich dem gesamten Freundeskreis gezeigt wurden (u. a. durch den Facebook Filter).

Je komplexer und unübersichtlicher die Netzwerke mit zunehmender Größe werden, desto schwieriger wird es, die relevantesten Knoten zu identifizieren oder zu ranken. Wichtige Messgrößen, die hierfür herangezogen werden können, sind u.a. *closeness* (relative Nähe zu alle anderen Knoten im Netzwerk), *degree,* sowie *eigenvector, betweenness* und *alpha centrality.* Die letzten beiden Metriken werden in den folgenden Auswertungen verwendet. Degree beschreibt die Anzahl der Kanten, die ein Knoten auf sich verlinkt (ein- und/oder ausgehend). Alpha centrality ist eine Abwandlung der *eigenvector centrality* und ein Maß für den Hubcharakter (direkt wie indirekt) eines Knotens; gibt also an, wie wichtig dieser Knoten für das Netzwerk ist und wie viele andere Knoten dieser Knoten in kurzer Zeit erreicht (Bonacich und Paulette 2001).

Gegeben die Adjazenzmatrix $A_{i,j}$ eines Graphen, ein Vektor p der externe Einflüsse beinhaltet und den Parameter α, der exogene und endogene Faktoren gegeneinander gewichtet, berechnet sich die Metrik wie folgt:

$$x(i) = \alpha\, A_{i,j}^{T}\, x(j) + p(i)$$

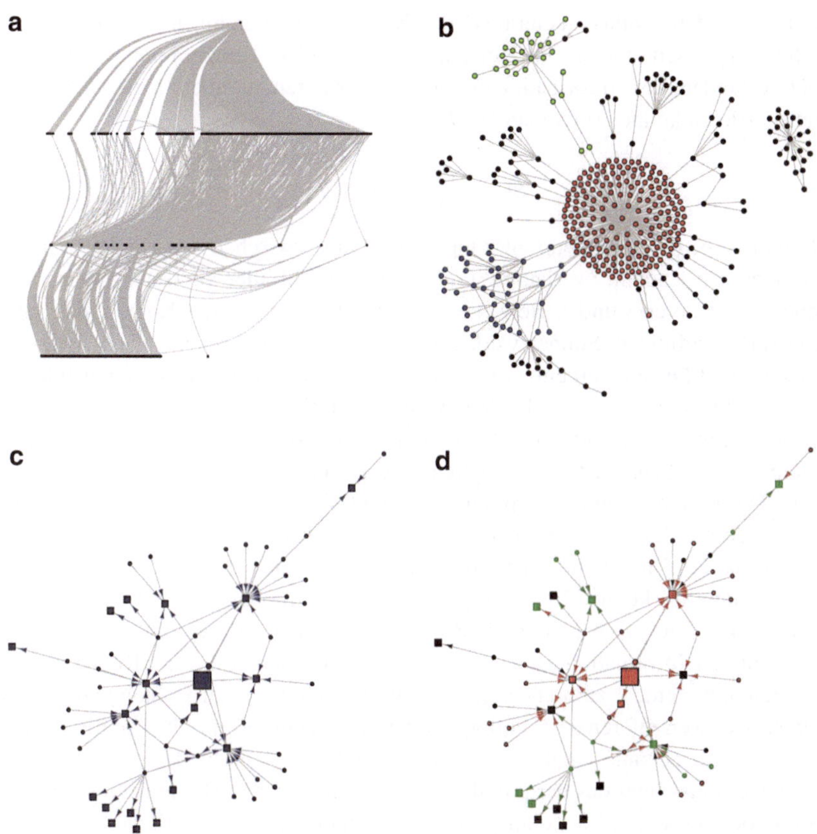

Abb. 4.1 Netzwerk basierend auf Daten aus Twitter über @-mentions verknüpft. Hierbei kann man klare Hubs (hochverlinkte Knoten) erkennen sowie Hubs verlinkende Knoten. Grafik **a** zeigt die Verlinkung der zehn häufigsten genannten Begriffe und Nutzer. Der oberste Knoten „tatort" verfügt erwartungsgemäß über die meisten Verlinkungen. In der untersten Reihe befinden sich weitere häufige Begriffe wie daserste, zdf, tatortblog, aber auch Schauspieler wie arminrohde und wwmoehring. Grafik **b** zeigt ein Subnetzwerk mit verschiedenen über einen Random Walk-Algorithmus berechneten Communities. Das große rote Netzwerk zentriert sich um „arminrohde", dessen Tatortauftritt in Köln Ende April sehr positiv aufgenommen wurde. Abbildungen **c** und **d** zeigen eine Community mit gerichteten Kanten („Wer erwähnt wen") und Knoten, die mit den Followern der jeweiligen Nutzer skaliert wurden. In **d** wird zusätzlich Sentiment angezeigt. Rot symbolisiert negative Tweets, während grün positive und schwarz neutrale Tweets kennzeichnen

Wobei $x(i)$ den Einfluss (centrality) des Knotens i beschreibt. Betweenness centrality $g(v)$ beschreibt, wie oft einzelne Knoten andere Knoten miteinander indirekt verbinden, also Informationen von einem Knoten zu einem anderen Knoten transportieren können (Freeman 1979):

$$g(v) = \sum \sigma_{st}(v) / \sigma_{st}$$

Hierbei ist $\sigma_{st}(v)$ die Anzahl aller kürzesten Pfade zwischen den Knoten s und t, die über den Knoten v verlaufen, und σ_{st} die Anzahl aller kürzesten Pfade zwischen den Knoten s und t. Betweenness centrality identifiziert Knoten, die Subnetzwerke verbinden. Subnetzwerke, auch *Communities* genannt, können eigene Themen und Dynamiken entwickeln sowie eigenen Trends und Meinungsbildern folgen. Abb. 4.1b zeigt verschiedene Communities in einem größeren Netzwerk. Diese Communities wurden mit einem Random Walk-Algorithmus (Pons und Latapy 2005) berechnet, der möglichst zusammenhängende Subnetze identifiziert. Die größte, zentrale Community bezieht sich auf den Schauspieler Armin Rohde, dessen Auftritt im Kölner Tatort im April 2015 und im Frankfurter Tatort im Februar 2015 durch die Nutzer rege diskutiert wurde.

Communities können in einem größeren Detailgrad ausgewertet werden, wie in Abb. 4.1c und d gezeigt wird. Zum einen können die dargestellten Knoten mit weiteren Informationen, wie z. B. der Anzahl der Follower (Knotengröße) angereichert werden, zum anderen kann die Orientierung der Kanten Aufschluss geben, wer wen referenziert. Follower oder eine andere Kennzahl, die die Reichweite eines Accounts angibt, helfen zu verstehen, wie weit der entsprechende Nutzer Einfluss über das dargestellte Netzwerk hinaus hat. Die Form der Knoten gibt in der gewählten Darstellung an, ob es sich um eine Person (Kreis) oder eine Organisation/Thema (Viereck) handelt.

Im Beispiel nimmt der Account Bild-Zeitung (ca. 838.305 Follower) eine zentrale Position ein und ist zudem mit Abstand der Account mit der größten Reichweite. Allerdings gibt es eine deutlich größere Interaktion mit einem Account, der einem Mitglied der Piratenpartei (rotes Rechteck rechts oberhalb von Bild, ca. 27.824 Follower) zugewiesen werden kann. So könnte die Bild-Zeitung durchaus ein Meinungstreiber in diesem Netzwerk sein, jedoch erfolgt die Verstärkung einer Meinung durch die Interaktion innerhalb einer eigenen Gruppe.

Fragen, die durch die Netzwerkanalyse beantwortet werden können, sind u. a., wie interagiert wird, wer mit wem interagiert und ob es eine positive oder negative Stimmung zu einem bestimmten Thema gibt. Weiterführend kann es hilfreich sein, die Zusammenhänge innerhalb der Texte zu analysieren, und so Erkenntnisse zu gewinnen, wie verschiedene Themen zusammenhängen. Hierfür bieten sich Assoziationsregeln an (Agrawal et al. 1993). Ähnlich wie bei Warenkorbanalysen wird hier nach Begriffen gesucht, die häufig zusammen auftreten und aus deren Verkettung sich Regeln ableiten lassen. Grundlage ist eine *Datenbank DB*, welche die Menge von *Transaktionen T* beinhaltet. Eine Transaktion enthält ein *Itemset X* $= (x_1, \ldots, x_k)$ mit k Items. In diesem Fall besteht die *DB* aus allen Tweets zum Thema „Tatort", wobei die Tweets den Transaktionen und die in den Tweets enthaltenen Wörter die Items repräsentieren. Eine Assoziationsregel leitet Folgerungen aus der gegebenen *DB* ab. Diese Folgerungen beschreiben Beziehungen zwischen Wörtern in der Form: Wenn Wort A (Item x_i) auftritt dann auch Wort B (Item x_j). Diese Verkettung kann auf Mengen von Items erfolgen. Dies bietet sich bei größeren Datenmengen an bzw. um einzelne Themenblöcke zu rekonstruieren, die in abgewandelter Form häufig auftreten. Zu einer Assoziationsregel gehören die Kenngrößen *Support* und *Confidence*. Bei der Kenngröße Support handelt es sich um den Anteil der Transaktionen, auf die die Assoziationsregel A, die das gemeinsame Auftreten der Items x_i und x_j beschreibt, angewendet werden kann.

$$support(A) = support\left(x_i \cup x_j\right)$$

Die Kenngröße Confidence einer Assoziationsregel ist der Anteil der Transaktionen, bei denen die Assoziationsregel A zutrifft, d. h. der Anteil der Transaktionen, die Item x_j enthalten, in der Teilmenge der Transaktionen, die Item x_i enthalten.

$$confidence(A) = \frac{support\left(x_i \cup x_j\right)}{support(x_i)}$$

Abb. 4.2 zeigt die Visualisierung der berechneten Assoziationsregeln. Die Paare sind intuitiv zu interpretieren. Bei den längeren Verkettungen sieht man u.a. die Diskussion zum Tatort aus Münster, dessen Dreharbeiten aber auch oft aus Kostengründen in Köln und Umgebung stattfinden. Ein viel diskutiertes Thema waren auch die Auftritte von Til Schweiger und Helene Fischer.

In diesem Abschnitt wurde exemplarisch gezeigt, wie komplexere Auswertungen auf Netzwerken und reinen Textdaten zur Gewinnung von detaillierteren Erkenntnissen eingesetzt werden können. In der Praxis stehen Unternehmen vor der Herausforderung, wie sich gewonnene Erkenntnisse effektiv und effizient in konkrete Handlungsempfehlungen überführen und nutzen lassen.

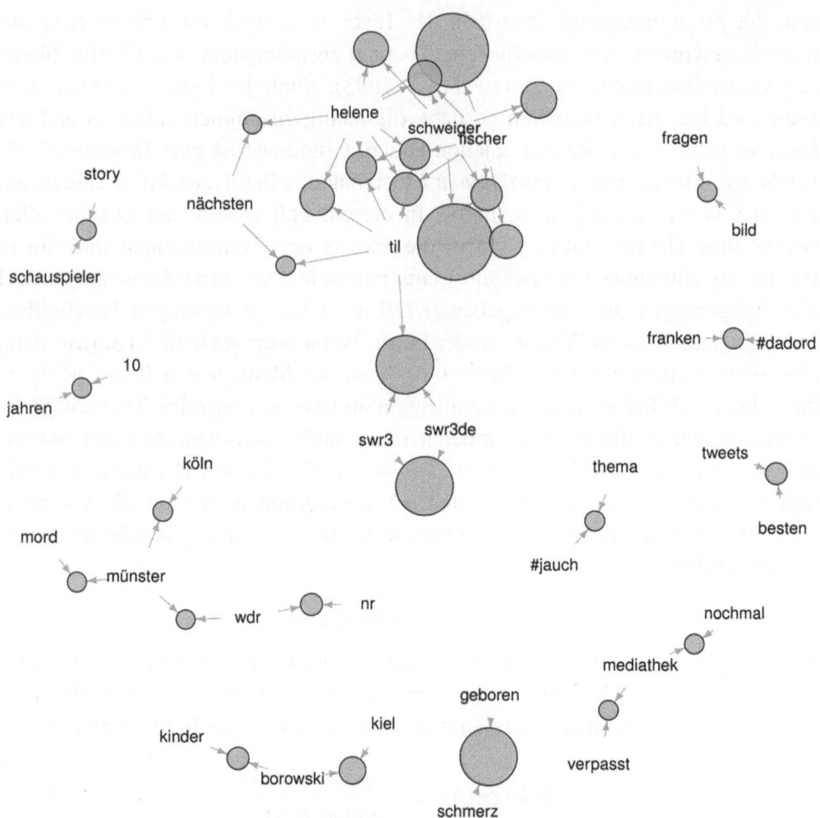

Abb. 4.2 Assoziationsregeln auf Daten der Plattform Twitter. Die Größe der Knoten gibt die Anzahl der Dokumente wieder, in denen Begriffe gemeinsam vorkommen

Mehrwert durch strategische Vorgehensweise

Um zielgerichtete Analysen durchführen zu können, deren Erkenntnisse einen Mehrwert schaffen, müssen erst zwingend notwendige Vorrausetzungen – meist mit Bezug auf die Organisation – im Unternehmen geschaffen werden. Zumeist nimmt Social Media, insbesondere in größeren Unternehmen, eine Querschnittsfunktion ein, da aus marketingtechnischer Sicht Inhalte und Botschaften (bspw. Produkteinführungen, Corporate Affairs, etc.), die über Social Media-Kanäle verbreitet werden können, meist in den Verantwortungsbereichen unterschiedlicher Fachabteilungen verankert sind.

Dies hat zur Folge, dass eine ganzheitliche Social Media-Strategie nicht nur fachabteilungsübergreifend erarbeitet werden muss, sondern auch eine organisatorische Verankerung der Planung, Durchführung und Auswertung sowie des Monitoring von Social Media-Aktivitäten innerhalb des Unternehmens (bspw. in der Fachabteilung Marketing) erfolgen muss. Weiterführend müssen nicht nur die notwendigen Kompetenzen innerhalb des Unternehmens entweder aufgebaut oder vom Markt bezogen werden, sondern auch Kapazitäten und insbesondere Budgets für diese Aktivitäten geplant und bereitgestellt werden.

Dies gilt auch für alle Aktivtäten und Rollen, die die Messung und Auswertung von Social Media-Daten betreffen. Im Speziellen kann hierbei ein erhöhter Abstimmungsbedarf entstehen, da diese Aktivitäten Teil übergeordneter Aktivitäten innerhalb des digitalen und/oder nicht-digitalen Marketings oder anderer Fachabteilungen sein können. Die Datenerhebung, Messung und Auswertung von bestimmten Kennzahlen (Key Performance Indicators) und Metriken sowie die Anwendung von komplexeren Auswertungsmethoden kann zudem zu einem erheblichen technischen, aber auch organisatorischem Mehraufwand führen, da zum einen spezifische technische Voraussetzung geschaffen werden müssen und zum anderen ein erhöhter fachabteilungsübergreifender Abstimmungsbedarf entstehen kann.

© Springer Fachmedien Wiesbaden GmbH 2017   19
M. Böck et al., *Social-Media-Analyse – mehr als nur eine Wordcloud,*
essentials, https://doi.org/10.1007/978-3-658-19802-2_5

Es ist entscheidend, dass die Messungen und Auswertungen zielgerichtet durchgeführt werden. Die Ableitung von Kennzahlensystemen und hieraus resultierende Messungen und Auswertungen müssen immer mit einer zu erarbeitenden oder existierenden Social Media-Strategie und bestehenden übergeordneten Strategien, wie bspw. einer Marketing- oder Brandstrategie, aber auch der Unternehmensstrategie, reflektiert und abgeglichen werden. Die Erarbeitung und Definition eines Social Media-Kennzahlensystems sollte sich hierbei an den definierten Zielen und zur Zielerreichung durchzuführenden Maßnahmen innerhalb der Social Media-Strategie ausrichten und parallel zu dieser entwickelt werden. Auch auf Kampagnenebene sollte eine Wirkungsmessung basierend auf einem Ziele-Maßnahmen-Kennzahlen-System durchgeführt werden, um Erkenntnisse zu gewinnen, welche Maßnahmen innerhalb einer Kampagne zu welchen Effekten führen, und um weiterführend die Maßnahmen entsprechend zu optimieren.

Als eine Art Best Practice haben sich ein iteratives Vorgehen aus Messung und Optimierung und der Einsatz von Dashboards, die Erkenntnisse über Social Media-Kennzahlen mit Ergebnissen in Verbindung setzen und (visuell) abstrahieren, etabliert (Peters et al. 2013). Aufgrund der angesprochenen organisatorischen Diversität von Unternehmen und Social Media-Plattformen existiert nicht die eine richtige Kennzahl („silver bullet"), sondern Kennzahlen und Metriken sowie Analysen und Auswertungen müssen immer mit den spezifischen Zielen abgestimmt werden (Ambler und Roberts 2008).

Weiterführend sollten quantitative und qualitative Ergebnisse aus Social Media-Analysen und einem kontinuierlichen Social Media-Monitoring zunehmend für die Ableitung bzw. Aufbereitung zielgerichteter, konkreter Handlungsempfehlungen herangezogen werden. Beispielsweise können Ergebnisse aus Social Media-Analysen in folgenden Szenarien zur Entscheidungsfindung beitragen:

- Planung und Steuerung von Produkteinführungen basierend auf Ergebnissen aus Sentiment Analysen noch vor der Markteinführung
- Steuerung und Anpassung von Offline- und Online-Marketingkampagnen (bspw. Laufzeit und Targeting)
- Optimierung und Kapazitätsplanung des Kundenservices (Customer Care) basierend auf Nutzeraktivitäten in Social Media-Plattformen

In Zukunft werden die Ergebnisse des Monitorings von Nutzer- und Kundenaktivitäten in sozialen Medien verstärkt auch in Echtzeit in die Entscheidungsfindung einfließen und können so einen relevanten Wettbewerbsvorteil darstellen.

Social Media-Analysen in der Zukunft 6

Auch in Zukunft werden Social Media-Analysen weiter an Bedeutung gewinnen. Die rasante Weiterentwicklung von Prozessierungstechniken ermöglicht eine immer effektivere und effizientere sowie plattformübergreifende Datensammlung über unterschiedliche, heterogene Datenquellen. In der Praxis konzentriert sich die Datensammlung bereits jetzt nicht nur auf die an der Anzahl der Nutzer oder Nutzeraktivität gemessen relevantesten Plattformen wie Facebook und Twitter, sondern schließt unterschiedlichste Daten aus Blogs und Foren ein.

Parallel schreitet die technologische Weiterentwicklung von hochskalierenden Datenbanksystemen stetig voran, die es ermöglichen, gigantische Datenmengen in kürzester Zeit zu durchsuchen. Eine Herausforderung und zugleich hohes Potenzial liegt dabei in der plattformübergreifenden Profilzusammenführung, wodurch ein immer vollständigeres Bild eines Nutzers gezeichnet werden kann. Dabei werden bereits heute nicht nur textuelle Inhalte verarbeitet, sondern jeglicher Datentyp mit in Auswertungen einbezogen. Analysen von Bildern und Videos erlauben es, über Gesichtserkennungsalgorithmen verschiedene Profile zusammenzuführen bzw. Profile plattformübergreifend zu verknüpfen. Aktuell kommen oft auf Neuronalen Netzen basierende Algorithmen zur immer genauer werdenden Klassifizierung von Bildern zum Einsatz.

Diese Ansätze ermöglichen es, Analysen über die klassischen Social Media-Kanäle hinaus zu erweitern und qualitative und quantitative Ereignisse und Kontexte miteinander zu verknüpfen. Dadurch entsteht eine stark nutzerzentrierte Perspektive, die das Verhalten bzw. kontextuelle Parameter eines Nutzers/Kunden (Behavioural und Contextual Marketing) beschreiben oder gar vorhersagen können.

Die Verkettung von Social Media-Daten mit weiteren Datenquellen wie Nachrichtenportalen oder auch Patentdaten und Publikationen ermöglicht es, darüber hinaus in einem komplett neuen Detailgrad Technologie- und Wissensscouting

© Springer Fachmedien Wiesbaden GmbH 2017

21

M. Böck et al., *Social-Media-Analyse – mehr als nur eine Wordcloud*,
essentials, https://doi.org/10.1007/978-3-658-19802-2_6

zu betreiben. Auch die Weiterentwicklung von Produkten und Dienstleistungen sowie die Realisierung von innovativen, nachhaltigen Geschäftsmodellen kann durch diese Verkettung und die durch Analysen gewonnen Erkenntnisse positiv beeinflusst werden.

Es sei jedoch an diese Stelle erwähnt, dass die Potenziale, die durch die Anwendung von komplexeren Analysemethoden entstehen, auch konzeptionellen und technischen sowie ethischen Limitierungen unterliegen. Aus einer konzeptionellen und technischen Perspektive kann der Zugang zu den Daten durch die Plattformbetreiber stark eingeschränkt oder in Fällen komplett eingestellt werden. Aus einer ethischen Perspektive bedeutet dies, dass Unternehmen in Zukunft einer erhöhten Verantwortung gegenüber den eigenen Kunden und dem Umgang mit deren Daten nachkommen müssen, die in extremen Fällen auch einen Wettbewerbsvorteil gegenüber Konkurrenten darstellen kann. Generell sollte – gerade bei Social Media-Analysen – für Unternehmen die Privatsphäre und der Schutz des Einzelnen immer einen hohen Stellenwert einnehmen.

Was Sie aus diesem *essential* mitnehmen können

- Gerade im Bereich Social Media ist die vollständige Sammlung und Aufbereitung/Filterung relevanter Daten wichtig.
- Wordclouds werden zwar zumeist statisch eingesetzt, lassen sich aber in Verbindung mit einer zeitlichen Komponente und Clustering dynamisch gestalten.
- Die Erfassung und Auswertung von Empfindungen oder Stimmungen der Nutzer innerhalb von Social Media-Plattformen können für Unternehmen bspw. im Rahmen von Produktneueinführungen eine hohe Relevanz besitzen.
- Die Ableitung eines Kennzahlensystems muss mit einer zu erarbeitenden oder existierenden Social Media-Strategie und bestehenden übergeordneten einer Marketing- und Brandingstrategie reflektiert und abgeglichen werden.
- Die organisatorische Verankerung der Planung, Durchführung und Auswertung sowie des Monitorings von Social Media-Aktivitäten innerhalb des Unternehmens (bspw. in der Fachabteilung Marketing) muss gewährleistet sein.
- Konzeptioneller und technischer sowie ethischer Herausforderungen und Limitierungen sind zu beachten.

© Springer Fachmedien Wiesbaden GmbH 2017
M. Böck et al., *Social-Media-Analyse – mehr als nur eine Wordcloud,*
essentials, https://doi.org/10.1007/978-3-658-19802-2

Literatur

Agrawal, R., Imielinski, T., & Swami, A. (1993). Database mining: A performance perspective. *IEEE Transactions on Knowledge and Data Engineering, 5*(6), 914–925.

Ambler, T., & Roberts, J. H. (2008). Assessing marketing performance: Don't settle for a silver metric. *Journal of Marketing Management, 24*(7–8), 733–750. doi:10.1362/0267 25708X345498.

Bonacich, P., & Paulette, L. (2001). Eigenvector-like measures of centrality for asymmetric relations. *Social* Networks *23,* 191–201.

Cambria, E., & Hussain, A. (2012). *Sentic computing. Techniques, tools, and applications.* Dordrecht: Springer.

Freeman, L. C. (1979). Centrality in Social Networks I: conceptual clarification. *Social Networks, 1,* 215–239.

Hartigan, J., & Wong, M. (1979). A K-means clustering. *Journal of Applied Statistics, 28,* 100–108.

Hennig-Thurau, T., Hofacker, C. F., & Bloching, B. (2013). Marketing the pinball way. Understanding how social media change the generation of value for consumers and companies. *Journal of Interactive Marketing 27* (4), 237–241. doi:10.1016/j.intmar.2013.09.005.

Kaplan, A. M., & Haenlein, M. (2010). Users of the world, unite! The challenges and opportunities of Social Media. *Business Horizons, 53*(1), 59–68. doi:10.1016/j.bushor.2009.09.003.

Peters, K., Chen, Y., Kaplan, A. M., Ognibeni, B., & Pauwels, K. (2013). Social media metrics – A framework and guidelines for managing social media. *Journal of Interactive Marketing, 27*(4), 281–298. doi:10.1016/j.intmar.2013.09.007.

Pons, P., & Latapy, M. (2005). Computing communities in large networks using random walks. In Yolum, P. et al. (Hrsg.). *Computer and information sciences – ISCIS 2005* (Bd. 3733). S. 284–293. Heidelberg: Springer.

© Springer Fachmedien Wiesbaden GmbH 2017
M. Böck et al., *Social-Media-Analyse – mehr als nur eine Wordcloud,*
essentials, https://doi.org/10.1007/978-3-658-19802-2

Schweidel, D. A., & Moe, W. W. (2014). Listening in on social media: A joint model of sentiment and venue format choice. *Journal of Marketing Research, 51*(August), 387–402. doi:10.1509/jmr.12.0424.

We are Social. 2015. https://www.slideshare.net/wearesocialsg/digital-social-mobile-in-2015. Zugegriffen: 29. Aug. 2017.

We are Social. 2017. https://wearesocial.com/special-reports/digital-in-2017-global-overview. Zugegriffen: 29. Aug. 2017.